FORSCHUNGSBERICHTE DES WIRTSCHAFTS- UND VERKEHRSMINISTERIUMS NORDRHEIN-WESTFALEN

Herausgegeben von Ministerialdirektor Prof. Leo Brandt

Nr. 53

Professor Dr.-Ing. H. Opitz, Aachen

Reibwert- und Verschleißmessungen an Kunststoffgleitführungen für Werkzeugmaschinen

Als Manuskript gedruckt

SPRINGER FACHMEDIEN WIESBADEN GMBH

ISBN 978-3-663-04111-5   ISBN 978-3-663-05557-0 (eBook)
DOI 10.1007/978-3-663-05557-0

Forschungsberichte des Wirtschafts- und Verkehrsministeriums Nordrhein Westfalen

G l i e d e r u n g

Vorwort . . . . S. 5

Allgemeine Übersicht über die konstruktive Gestaltung
von Flachbahnführungen an Werkzeugmaschinen . . . . . . S. 5

Beschreibung des Versuchsstandes und der
Meßeinrichtungen . . . . S. 9

Versuchsergebnisse . . . . S. 12

Auswertung mit Hilfe der Ähnlichkeitsmechanik . . . . . S. 16

Einfluß der Schmiernutenanordnung auf den Reibwert . . S. 23

Kunststoffgleitführung und Verschleiß . . . . S. 25

Literaturverzeichnis . . . . S. 28

Forschungsberichte des Wirtschafts- und Verkehrsministeriums Nordrhein Westfalen

Vorwort

Lagerfragen nehmen in der Technik, besonders im Werkzeugmaschinenbau einen breiten Raum ein. Die außerordentlich zahlreichen Veröffentlichungen über Lagerfragen weisen immer wieder auf deren besondere Bedeutung hin.

Bei der verlangten hohen Arbeitsgenauigkeit der heutigen Werkzeugmaschinen muß man diesen Dingen größte Beachtung schenken. Die Herstellgenauigkeit eines Werkstückes auf einer Werkzeugmaschine wird nämlich in erheblichem Maße von der Funktionsgenauigkeit der verwendeten Lager bestimmt. Daher ist für einen Konstrukteur dieses Wissen um die Verwendbarkeit eines Lagers und deren Eigenschaften im Betrieb für die Auslegung der Konstruktionselemente sowie für die Dimensionierung des Antriebes unerläßlich.

In den folgenden Ausführungen sollen Versuchsergebnisse über Reibwert- und Verschleißmessungen an Kunststoffgleitführungen auf dem Prüfstand des Lehrstuhles für Werkzeugmaschinen und Betriebslehre bekannt gegeben werden.

Allgemeine Übersicht über die konstruktive Gestaltung von Flachbahnführungen an Werkzeugmaschinen

Einleitend seien einige grundsätzliche Bemerkungen über die konstruktiven Gestaltungsmöglichkeiten solcher Führungen in Verbindung mit Ausführungsbeispielen gemacht.

In groben Zügen lassen sich die Führungen in Flach-, Prismen- und Rundführungen einteilen. Durch ihre unterschiedliche Ausbildung werden sie den jeweils gegebenen Anforderungen gerecht und nehmen die zu übertragenden Kräfte auf. Durch Anordnung von Nachstelleisten kann das Spiel ausgeglichen werden, wobei darauf zu achten ist, daß die Leisten möglichst auf der druckentlasteten Seite anzubringen sind. Abb. 1 zeigt beispielsweise eine geschlossene Flachbahnführung für eine Hobelmaschine nach COENEN mit Nachstelleiste; verschiedene Führungsformen nach Hülle sind in Abb. 2 dargestellt. Abb. 3 gibt die Anordnung der Führungen für eine schwere Drehbank wieder.

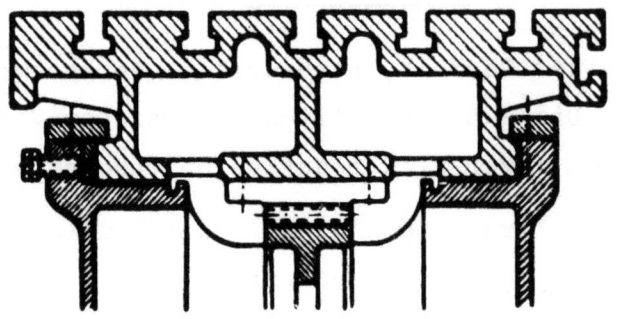

Abbildung 1
Geschlossene Flachbahnführung

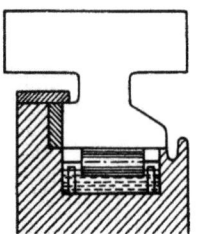

Flachführung

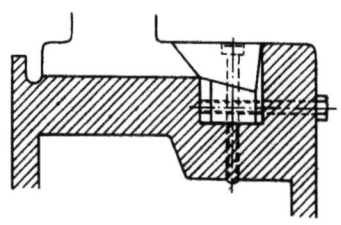

Schwalbenschwanzführung

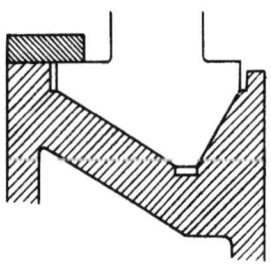

ungleichschenklige
Dachführung

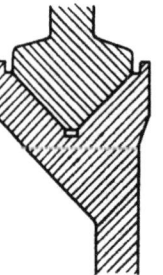

offene Dach-
führung

Abbildung 2
Aufführungsbeispiele von Führungen

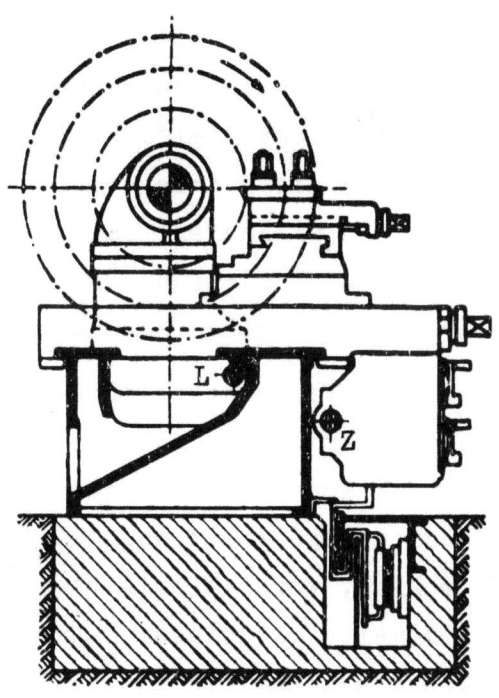

Abbildung 3
Führung einer schweren Drehbank

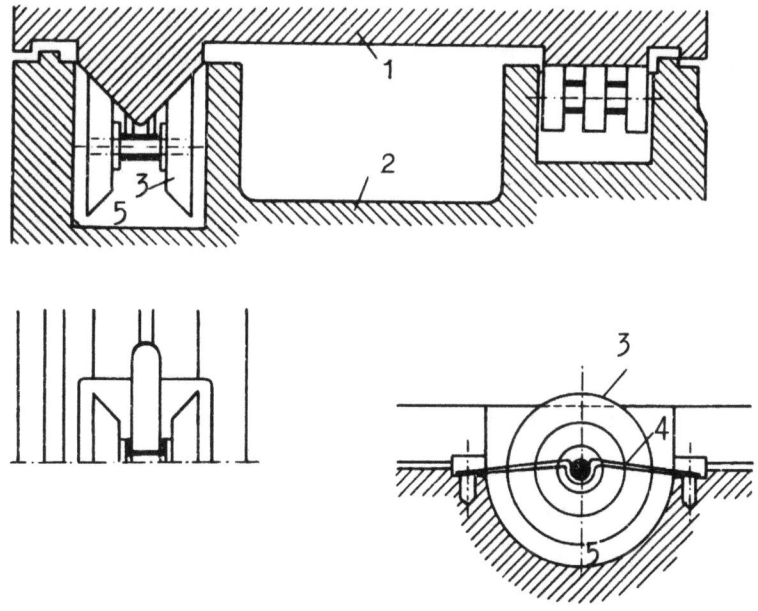

Abbildung 4
Schmierstoffzuführung an Gleitführung

Forschungsberichte des Wirtschafts- und Verkehrsministeriums Nordrhein Westfalen

Um die Führungen vor Fremdkörpern zu schützen, werden sie teilweise tiefliegend angeordnet oder aber mit entsprechender Schutzleiste versehen. Die Schmierung der Führungen geschieht vielfach mit Ölzuführungsrollen nach Abb. 4. Die Rollen werden an die Führungsbahn gedrückt, rollen sich auf ihr ab und fördern, da sie in Öl laufen, dasselbe nach oben an die Führungsbahn. Als Werkstoff hat sich für Führungen seit langem Kunststoff bewährt, welcher in Platten aufgeschraubt oder aufgeklebt wird.

Trotz der Fülle der vorliegenden Versuchsergebnisse fremder Autoren ist es sehr schwer, durch wenige zusammenfassende Darstellungen den speziellen Erfordernissen der Konstruktion von Gleitführungen gerecht zu werden. Alle Untersuchungen, die bisher angestellt worden sind, haben Reibwert- und Verschleißmessungen zum Ziel, wobei die letzteren über Lebensdauer und Arbeitsgenauigkeit der jeweils mit diesem Lager ausgerüsteten Konstruktionsteile Auskunft geben sollen. Die Entwicklung von geeigneten Lagerwerkstoffen und Schmiermitteln für die recht unterschiedlichen Beanspruchungen auf dem Gebiet des Maschinenbaues hat es mit sich gebracht, daß nur die allgemeine Charakteristik des Reibungs- und Verschleißvorganges übernommen werden konnte. Die Beantwortung der speziellen Fragen über die absolute Größe von Reibwert und Verschleiß bei vorliegenden Bedingungen ist bisher und auch weiterhin nur durch umfangreiche Versuche möglich, so lange man nicht in der Lage ist, die an diesen Vorgängen beteiligten Werkstoffe durch Stoffwertziffern in die Darstellung mit eingehen zu lassen.

Während Reibwertbestimmungen an geeigneten Prüfmaschinen ziemlich schnell durchzuführen sind, bereitet die Bestimmung des Abriebes insofern noch gewisse Schwierigkeiten, weil zur Erzielung eines meßbaren Abriebes die Versuche über längere Zeit durchgeführt werden müssen. Erst recht ausgedehnt werden diese, wenn es gilt, Gesetzmäßigkeiten bei gegebener Werkstoffpaarung zwischen Abrieb und verschiedenen Betriebsbedingungen, wie Anpreßdruck, Gleitgeschwindigkeit, Zähigkeit des Schmiermittels sowie einer Größe, die die Lagerabmessung kennzeichnet, aufzustellen. Daraus ergibt sich die dringliche Forderung, nach Möglichkeit durch ein Kurzprüfverfahren den Abrieb als Funktion der oben genannten Größen zu bestimmen.

Wie schon aus einem kurzen Hinweis zu entnehmen ist, gewinnt die Verwendung von Kunststoff als Gleitlagerwerkstoff für bestimmte Anwendungsbereiche immer mehr an Bedeutung. Seine überraschend guten Eigenschaften hinsichtlich eines geringen Verschleißes, guter Einbettfähigkeit und Notlaufeigenschaft haben in Verbindung mit Wirtschaftlichkeitsbetrachtungen dazu geführt, einen sich stets vergrößernden Anwendungsbereich zu erschließen.

Hierbei kommt dem letzten Gesichtspunkt eine nicht zu unterschätzende Bedeutung zu, wenn man bedenkt, daß eine Führung einer schweren Hobelmaschine von bestimmten Abmessungen in Weißmetall etwa 20.000.-- DM kostet. Bei Verwendung von Kunststoff werden jedoch nur etwa 2.000.--DM bis 3.000.-- DM benötigt.

Durch die aufgeführten Gründe ist bereits eine gewisse Entwicklungsrichtung im Hinblick auf die Anwendungsmöglichkeit von Kunststoff als Führungselement gewiesen. Es sei jedoch nicht verschwiegen, daß Kunststoff eine recht geringe Wärmeleitfähigkeit besitzt. Während Kunststoff im Mittel eine Wärmeleitzahl von

$$0,2 \frac{K\ cal}{m\ h\ ^oC}$$

hat, ist die von Eisen etwa 360 mal größer, nämlich

$$72 \frac{k\ cal}{m\ h\ ^oC}$$

Daher ist dem Anwendungsbereich eine gewisse Grenze gesetzt, wenn man nicht in der Lage ist, die entstehende Reibungswärme durch geeignete konstruktive Ausbildung (dünne Kunststoffschicht auf Stahlschützschale oder Kühlung der Lager) abzuführen.

Beschreibung des Versuchsstandes und der Meßeinrichtungen

Es war nun durch die nachstehend aufgeführten Versuche festzustellen, wie sich Reibwert und Verschleiß bei den verschiedensten Betriebsbedingungen verhalten und was über den Anwendungsbereich von Kunststoffen hinsichtlich Anpreßdruck und Gleitgeschwindigkeit ausgesagt werden kann. Hierbei wurden bei Gußeisen als Gegenwerkstoff folgende Variationen vorgenommen:

1) Kunststoffart
2) Schmiermittel

3) Anpreßdruck p
4) Gleitgeschwindigkeit v
5) Lagerabmessung L
6) Schmiernuten-Anordnung
7) Oberflächenbeschaffenheit der Kunststoffplatte

Um diese Untersuchungen vorzunehmen, wurde ein Gleitführungsprüfstand entwickelt, der den Betriebsbedingungen weitgehend angepaßt werden kann. Eine Axialkolbenpumpe mit stufenlos regelbarer Fördermenge beaufschlagt einen Kolben (Abb. 5).

Die Kolbenstange, welche zur Unterstützung vorne noch einmal geführt wird, betätigt die Umsteuerventile, mit deren Hilfe der Hub eingestellt werden kann und trägt einen Vierkantklotz, auf welchem die Gleitplatten befestigt sind. Wie aus Abb. 5 hervorgeht, handelt es sich um zwei Gleitplatten, oben und unten je eine; die Größe beträgt 450 x 105 x 22, der größte Hub in der jetzigen Ausführung 265 mm. Mit Hilfe der regelbaren Axialkolbenpumpe läßt sich die mittlere Kolbengeschwindigkeit von 0 ..... 25 m/min

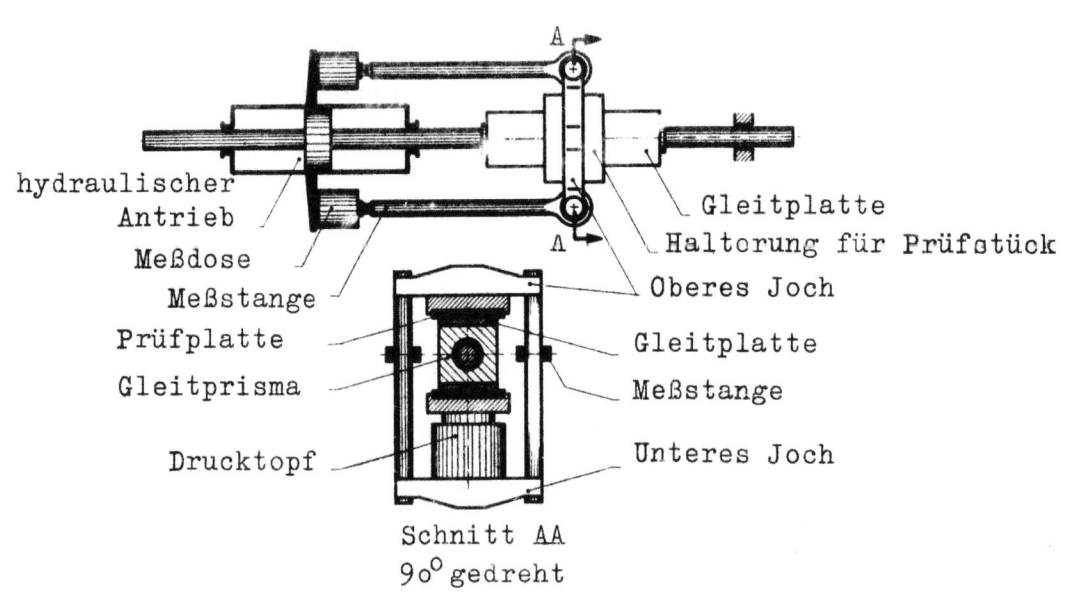

A b b i l d u n g 5
Gleitführungsprüfstand

stufenlos regeln. Die hydraulische Steuerung arbeitet mit Vor- und Hauptsteuerschieber, so daß die Totpunktzeiten sehr gering und die Geschwindigkeiten über den gesamten Hub konstant gehalten werden können. Die eigentlichen Prüfstücke in einer Abmessung von 150 x 120 x 10 werden mit Hilfe eines Drucktopfes an die Gleitplatte gepreßt. Aus dieser Abbildung (Schnitt A-A) ist zu erkennen, wie der Kraftfluß zur Erzeugung des Anpreßdruckes über Drucktopf, oberes und unteres Joch in Verbindung mit zwei kräftigen Zugstanden verläuft. Um Verkantungen der Prüfstücke zu vermeiden und ein gleichmäßiges Anliegen zu gewährleisten, sitzt der Drucktopf oben und unten in Kugelpfannen. Der Öldruck im Drucktopf ist stufenlos regelbar und kann an einem Manometer abgelesen werden. Die Flächenpressung am Prüfstück liegt nach den jetzigen Abmessungen zwischen 0 und 20 kg/cm^2. Der gesamte Zaum ist in axialer Richtung verschiebbar auf die Gleitplatten gesetzt. Die Tangentialkraft wird durch zwei Meßstangen über Federplatten auf Meßdosen übertragen, die mit einem Milliamperemeter verbunden sind. Die ganze Anlage wurde jeweils vor Beginn einer neuen Versuchsreihe geeicht.

Die Rauhtiefenmessungen wurden mit dem Forster-Gerät durchgeführt und der Abrieb an den Kunststoffplatten mit Hilfe der in Abb. 6 dargestellten Vorrichtung festgestellt.

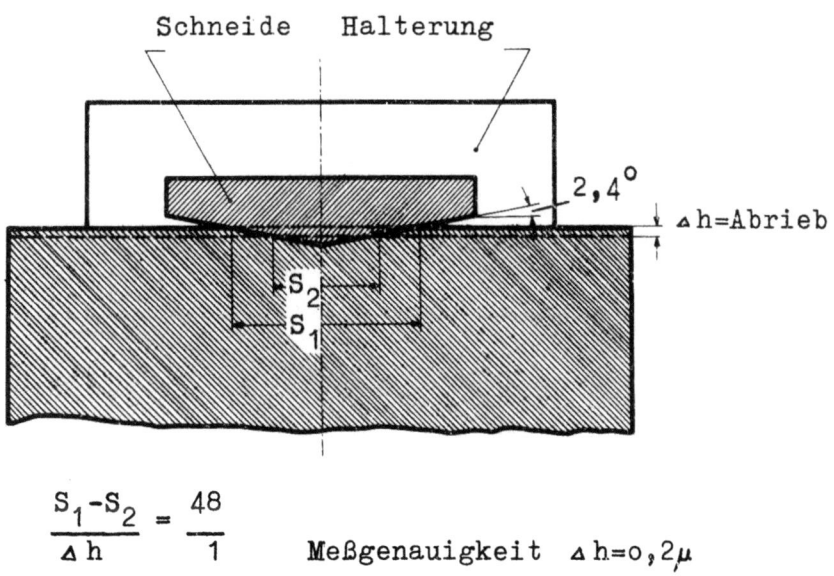

$$\frac{S_1 - S_2}{\Delta h} = \frac{48}{1} \qquad \text{Meßgenauigkeit } \Delta h = 0{,}2 \mu$$

A b b i l d u n g   6

Meßprinzip zur Bestimmung des Abriebes an Kunststoffplatten

Hierbei wurde der Schneideneindruck vor und nach dem Versuch ausgemessen und daraus mit großer Genauigkeit der Abrieb ermittelt.

Versuchsergebnisse

Den Reibwertuntersuchungen liegt folgende, von COULOMB aufgestellte einfache Beziehung zu Grunde:

$$1) \quad \mu = \frac{R}{N}$$

wobei R die Tangential- oder Reibkraft (kg) und N die Normalkraft (kg) darstellt.

Der generelle Verlauf Reibwert über Gleitgeschwindigkeit geht aus Abb. 7 hervor.

Die Versuche wurden nun in der Weise durchgeführt, daß das Reibwertverhalten einer Werkstoffpaarung bei Veränderung einer Einflußgröße untersucht, wobei die anderen noch wesentlichen Einflußgrößen konstant gehalten wurden und als Parameter in die Darstellung eingingen. Aus diesen einzelnen Übersichten galt es nun einen generellen Zusammenhang zwischen dem Reibwert und einer Kennzahl herauszufinden, die sich aus mehreren Veränderlichen zusammensetzt.

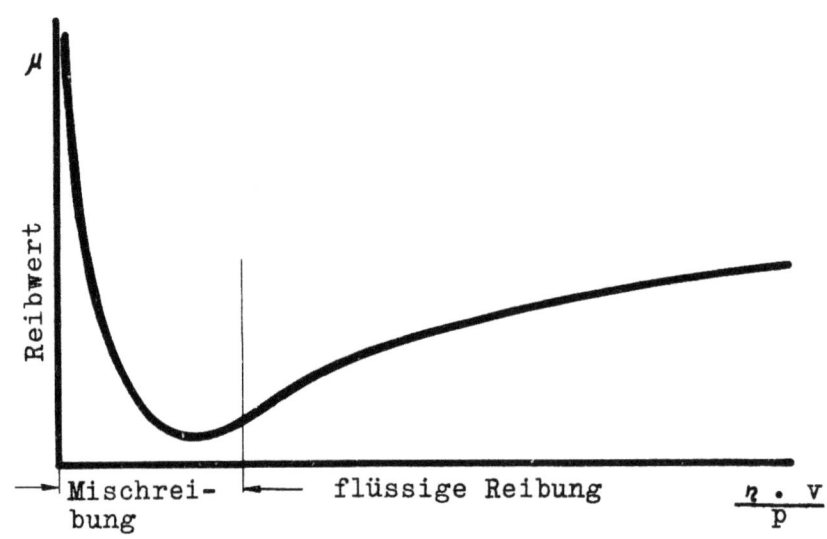

Abbildung 7

Allgemeiner Verlauf Reibwert über Gleitgeschwindigkeit für Gleitlager

Im einzelnen lieferten die Versuche folgende Ergebnisse. In Abb. 8 sind über der Gleitgeschwindigkeit v (m/min) die Reibwerte aufgetragen. Die Flächenbelastung tritt als Parameter auf. μ zeigt ein leichtes Abfallen mit zunehmender Geschwindigkeit.

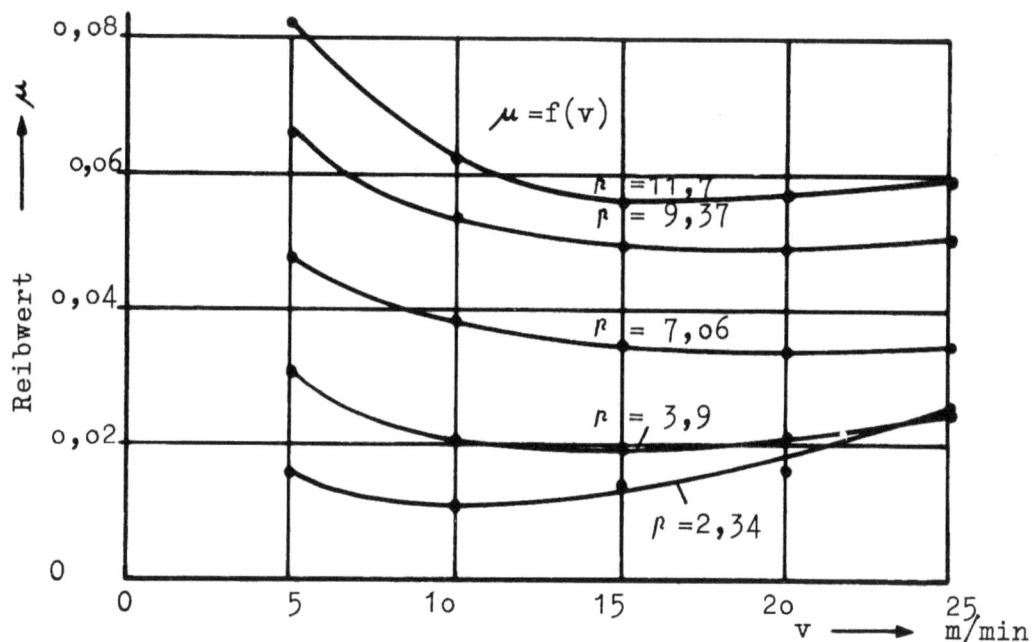

Abbildung 8
Reibwert und Gleitgeschwindigkeit

Die absolute Höhe der Reibwerte bewegt sich dabei etwa zwischen 0,085 und 0,02. Die höchste Flächenbelastung mit 11,7 kg/cm^2 gibt nach diesen Diagrammen den höchsten, die niedrigste Flächenbelastung den kleinsten Reibwert. Das Schmiermittel, die mittlere Temperatur der Gleitstelle und die damit stark temperaturabhängige Viskosität wurden, ebenso wie der Werkstoff, konstant gehalten. Für die geschliffenen Gleitplatten wurde Gußeisen mit einer mittleren Oberflächenrauhtiefe von 2,5 und einer Brinellhärte von HB = 202 kg/mm^2 verwendet. Der Gegenwerkstoff war ein Kunststoff mit teils unbearbeiteter und teils geschliffener Preßhaut. Trägt man die gleichen Werte über der Flächenbelastung p auf und läßt man die Gleitgeschwindigkeit zu einem Parameter werden, so entsteht die in Abb. 9

dargestellte Abhängigkeit. Hier zeigt sich, wie mit größer werdender Belastung der Reibwert fast linear ansteigt.

Der generelle Einfluß der Schmiermittelzähigkeit wurde durch Abb. 1o wiedergegeben, das einer Darstellung von H. WERNER entnommen ist. Wie zu erwarten, steigt der Reibwert mit zunehmender Zähigkeit unter sonst gleichen Bedingungen.

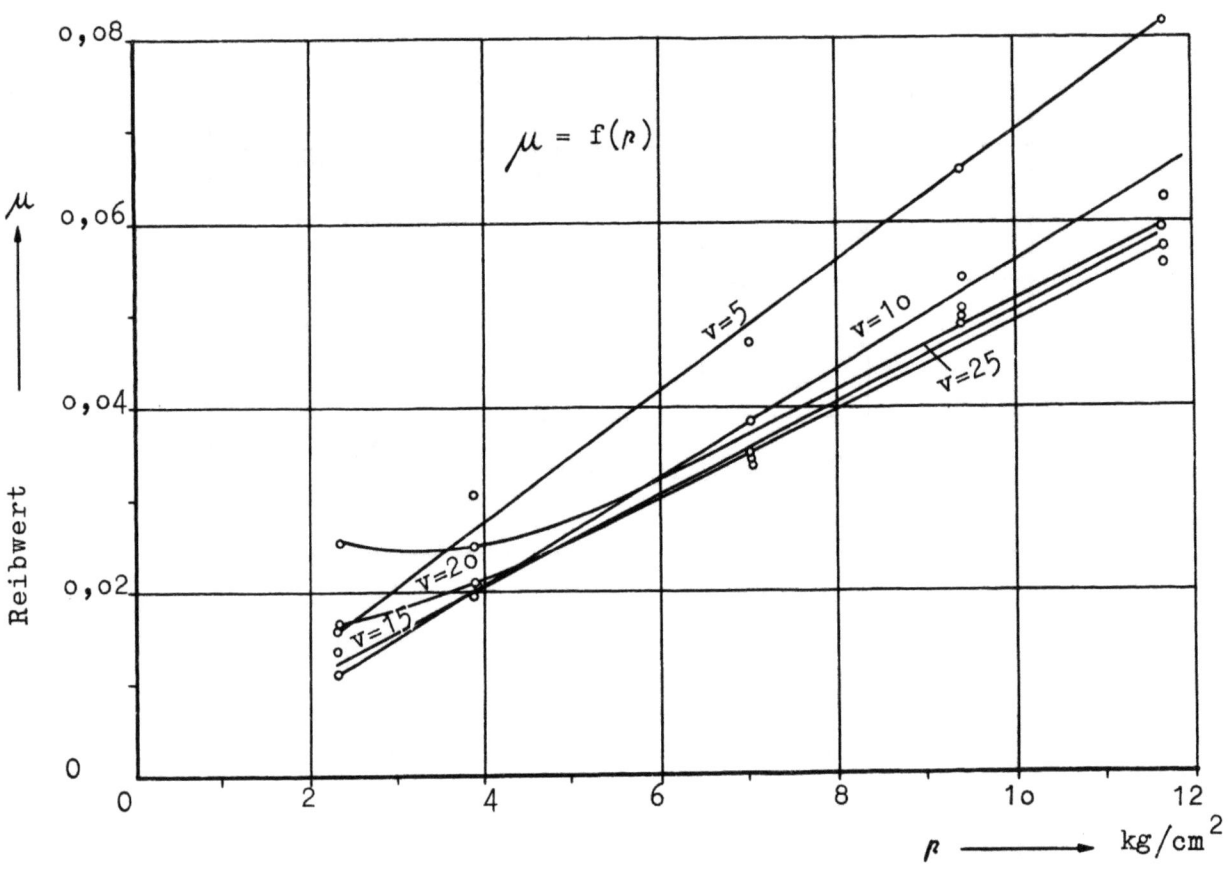

Abbildung 9

Reibwert und Flächendruck bei konst. Gleitgeschwindigkeit

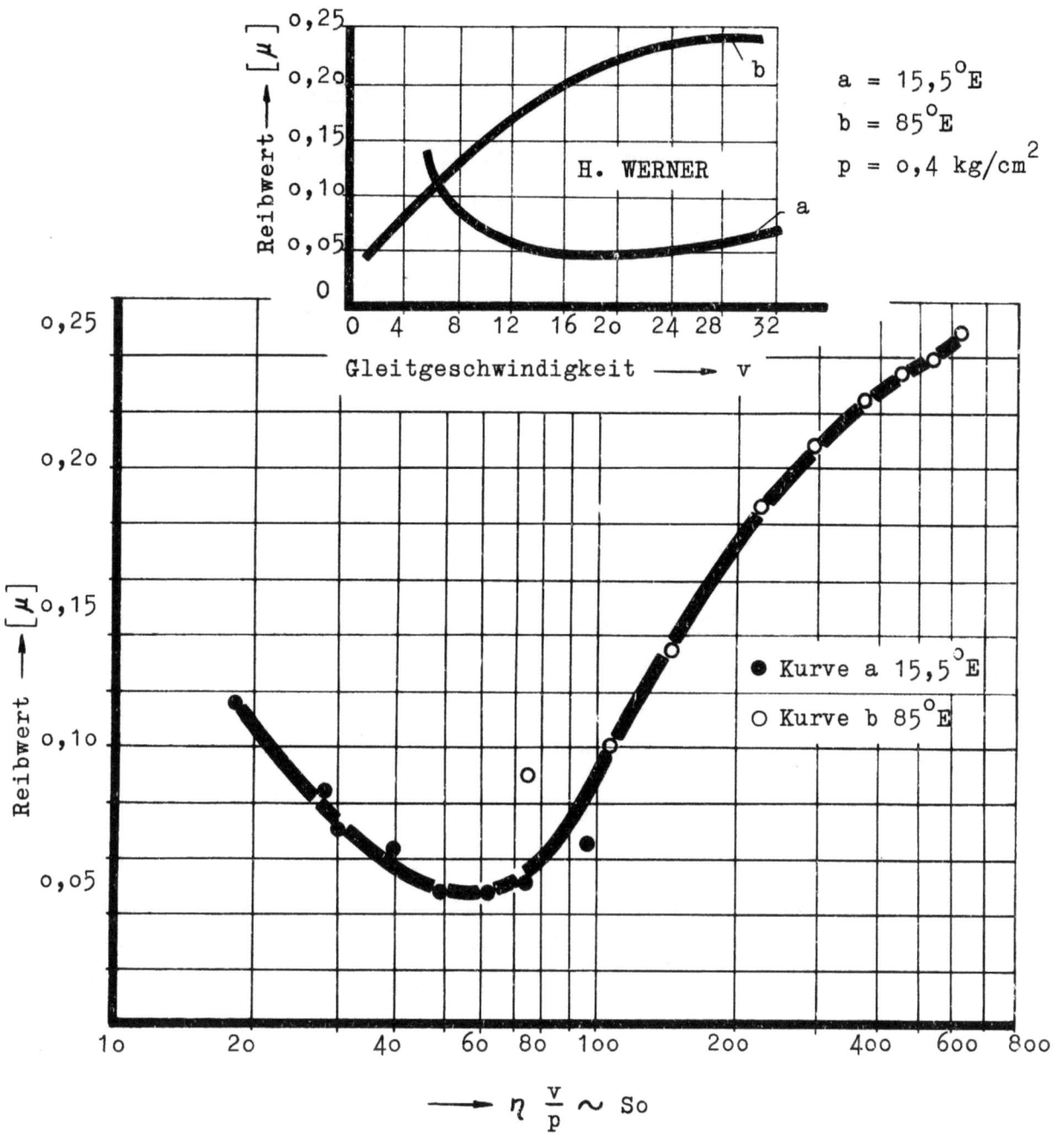

Abbildung 1o
Reibwert und Gleitgeschwindigkeit bei konst.
Schmiermittel nach H. WERNER

Forschungsberichte des Wirtschafts- und Verkehrsministeriums Nordrhein Westfalen

Auswertung mit Hilfe der Ähnlichkeitsmechanik

Die Diagramme 8 - 1o sind wenig geeignet, allgemeine Reibwertgesetzmäßigkeiten erkennen zu lassen. Wenn - wie es hier der Fall war - die Aufgabe gestellt ist, eine große Zahl verschiedener Werkstoffe in Bezug auf ihr Reibwertverhalten als Funktion von v, p und η vielleicht noch bei verschiedenen Oberflächengüten zu untersuchen, dann ergeben sich die Diagramme mit vielen Einzelkurven in einer so großen Zahl, daß es nur selten gelingen dürfte, die Aufgabe in dieser Form befriedigend zu lösen. Aus diesen Erwägungen wurde die übliche Art der Darstellung verlassen und eine Auswertung mit Hilfe der Ähnlichkeitsmechanik vorgenommen.

Der Vorteil dieser Auswertungsmethode geht eindeutig aus einigen früheren Veröffentlichungen von Professor VOGELPOHL über die Reibung in Gleitlagern hervor (5). Es sollen nunmehr zunächst die für die Reibung an Gleitführungen existierenden Kenngrößen ermittelt werden (6). Die Versuche haben ergeben, daß der Reibwert eine Funktion von p, η, v sein muß. Infolgedessen läßt sich formell schreiben:

2) $\qquad \mu = f(p, \eta, v)$

Entsprechend der Gleitlagerreibung muß auch hier noch eine charakteristische geometrische Abmessung in die Ähnlichkeitsbetrachtungen einbezogen werden. Für die Gleitführungen ist die Länge des bewegten Gleitschuhes in Bewegungsrichtung eine solche Größe. Damit lautet der formelle Zusammenhang:

3) $\qquad \mu = f(p, \eta, v, L)$

Das von BRIDGMAN-HOLL angegebene Theorem sagt aus, daß diese Einflußgrößen, welche den Reibwert bestimmen, nur in Form eines Produktes von Potenzen auftreten können. Da der Reibwert selbst frei von Dimensionen ist, muß auch die rechte Seite der Gleichung 3 dimensionslos werden. Die Produkte von Potenzen werden in folgender Form in Ansatz gebracht:

4) $\qquad \mu = f(p^\alpha \cdot \eta^\beta \cdot v^\gamma \cdot l^\delta)$

Die Dimensionen der Einflußgrößen sind:

$P\,[kg \cdot L^{-2}]; \; \eta\,[kg \cdot T \cdot L^{-2}]; \; v\,[L \cdot T^{-1}]; \; L\,[L];$

Setzt man für p, η, v und L die Dimensionen in Gleichung 4 ein, so ergeben sich lineare Gleichungen, aus denen sich die noch unbekannten Exponenten α, β, γ und δ durch Koeffizientenvergleich ermitteln lassen. Da nur drei Grundgrößen [L], [kg], [T] existieren und vier Exponenten gesucht werden, fehlt zur völligen Bestimmung noch eine weitere Angabe. Es läßt sich aber zeigen, daß auch in der jetzigen Form alle Exponenten durch einen auszudrücken sind und damit eine genügende Bestimmung erhalten werden kann. Es werden nunmehr die Dimensionen in Gleichung 4 eingesetzt und es ergibt sich:

$$[1] = [kg \cdot L^{-2}]^\alpha \cdot [kg \cdot T \cdot L^{-2}]^\beta \cdot [L \cdot T^{-1}]^\gamma \cdot [L]^\delta$$

und nun geordnet:

$$1 = kg^\alpha \cdot kg^\beta \cdot L^{-2\alpha} \cdot L^{-2\beta} \cdot L^\gamma \cdot L^\delta \cdot T^\beta \cdot T^{-\gamma}$$

Daraus ergeben sich die linearen Gleichungen: (durch Koeffizientenvergleich)

$$\alpha + \beta = 0 \qquad\qquad \alpha = -\beta$$
$$-2\alpha - 2\beta + \gamma + \delta = 0 \qquad\qquad -2\alpha + 2\alpha - \alpha + \delta = 0$$
$$\beta - \gamma = 0 \qquad\qquad \delta = \alpha$$
$$\alpha = -\beta = -\gamma = \delta$$

Alle Exponenten können durch α ausgedrückt werden. Mit Gleichung 4 ergibt sich schließlich:

5) $$\mu = f\left(\frac{p \cdot L}{\eta \cdot v}\right)^\alpha$$

$\frac{p \cdot L}{\eta \cdot v}$ ist eine dimensionslose Größe. Sie kommt in allen Gleichungen der Flüssigkeitsreibung vor. Der Reziprokwert dieser Zahl wird auch Gümbel'sche Kennzahl "Gü" genannt. Bei den hier mitgeteilten Versuchsergebnissen konnte die Gümbel'sche Kennzahl – selbst im Gebiete der Mischreibung – ihre Bedeutung unter Beweis stellen. In allen untersuchten Fällen existierte zwischen dem Reibwert und der Kennzahl Gü eine Kennfunktion. Aus der Kennfunktion ergibt sich im Bedarfsfall der noch unbekannte Exponent von selbst, obwohl er, wie die Ergebnisse zeigen, für diese Untersuchungen nicht gebraucht wird. Von großer Bedeutung für die Versuchsauswertung ist die Tatsache, daß nun der Reibwert über einer Kennzahl aufgetragen wird, die alle wichtigen Varianten in sich vereinigt. Der Reibwert tritt nun nicht wie bisher als Funktion einer, sondern als Funktion dieser Kombination von mehreren Varianten auf. An Hand einiger Versuchsergebnisse lassen sich die Vorteile einer solchen Auswertung deutlich erkennen.

Aus Abb. 11 geht hervor, daß sämtliche Punkte in guter Näherung durch einen vermittelnden Kurvenzug verbunden werden können. Aus zwei Diagrammen, die nur sehr schwer einen gesetzmässigen Zusammenhang erkennen ließen, ergibt sich nunmehr ein Diagramm mit nur einer einzigen Kurve. Aus dem Kurvenverlauf sieht man, wie mit größerer Geschwindigkeit der Reibwert zunächst steil und dann flacher abfällt. Etwa bei dem Wert $22 \cdot 10^{-8}$ wird ein Minimum erreicht und bei einer weiteren Geschwindigkeitsvergrößerung steigt der Reibwert wieder an. Die Flächenpressung bewirkt gerade das Gegenteil. Eine Vergrößerung der Flächenpressung verkleinert die Kenngröße und man bewegt sich in einem solchen Fall auf der Abszisse nach links. Aus der Form der Reibwertfunktion ist der Schmierzustand zu erkennen.

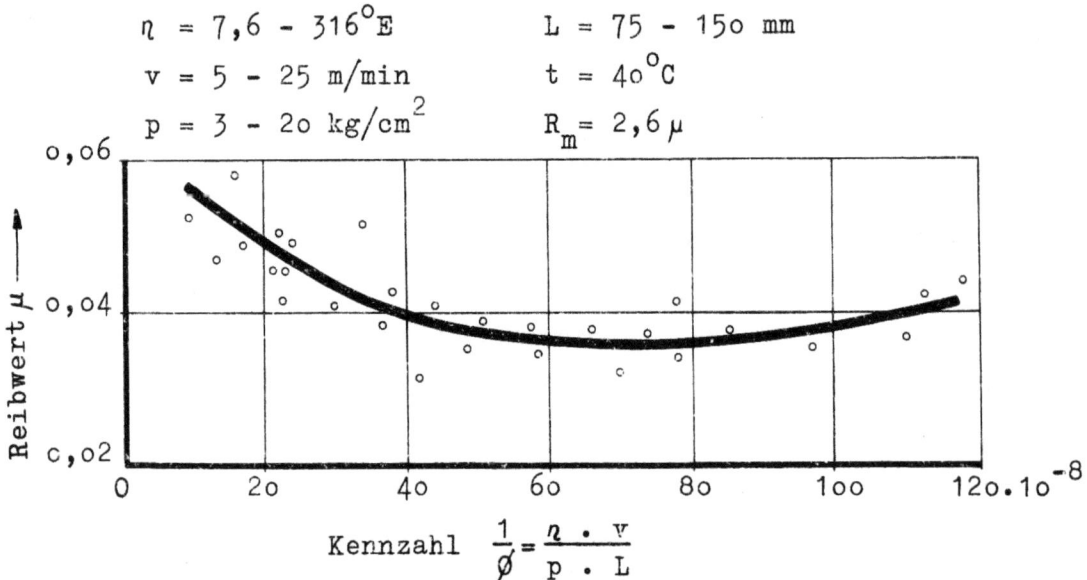

Abbildung 11
Reibwert und Kennzahl

Links vom Minimum, dem sogenannten Ausklinkpunkt, befindet sich das Gebiet der Mischreibung und rechts vom Ausklinkpunkt beginnt die Vollschmierung. Wie schon eingangs erwähnt, erfolgte die Ablesung der Tangentialkraft immer in der Mitte des Hubes. In den Totpunkten, bei der Bewegungsumkehr ist die Geschwindigkeit für einen Augenblick Null, und es liegt theoretisch der Reibwert der Ruhe vor. Die gemittelten Kurven stellen somit Reibbestwerte dar.

Die Abbildung 10 mit den Meßergebnissen von H. WERNER wurde nun ebenfalls nach diesen Gesichtspunkten ausgewertet und die Reibwerte über der Kennzahl $\frac{\eta \cdot n}{p}$ aufgetragen.

Die verschiedene Viskosität der beiden Schmieröle wird nunmehr berücksichtigt und das Ergebnis ist eine zusammenhängende Kennfunktion, die im selben Bild wiedergegeben ist. Die voll ausgezogenen dicken Punkte gehören den Reibwerten des dünnen und die Kreise den Reibwerten des dicken Öles an. Beide ursprünglich mit verschiedenen Tendenzen verlaufenden Kurven gehen nunmehr in einen geschlossenen Kurvenzug über und zeigten, daß in diesem Fall eine Kennfunktion und gesetzmäßige Zusammenhänge existieren. Beachtlich ist der große Bereich der Kennzahl, die sich immerhin über fast drei Zehnerpotenzen erstreckt.

Wie schon bemerkt, lassen die voraufgegangenen Versuche erkennen, daß der Einfluß von η, v und p durch die Gümbel'sche Kennzahl richtig wiedergegeben wird, wenn die Länge L der Gleitführung in Bewegungsrichtung konstant blieb.

Um außerdem den Einfluß der Länge dieser Führung zu erkennen, wurde derselbe Werkstoff mit der Länge L_1=150 mm nacheinander auf die Länge L_2=130 mm und L_3=75 mm reduziert (Abb. 12). Das Längenverhältnis $L_1 : L_3$ betrug somit 2 : 1. Zur Erhärtung der Versuchsergebnisse wurden in dieser Weise zwei Kunststoffe verschiedener Herstellung untersucht.

Bei gleichem Schmiermittel wurden Anpreßdruck und Gleitgeschwindigkeit in den üblichen Bereichen variiert. Der Reibwert über Gümbel'schen Kennzahlen aufgetragen, zeigt für die einzelnen Werkstoffe den in den Abbildungen 12 und 13 dargestellten Verlauf, wobei als Parameter die jeweilige Länge L zu erkennen ist.

In Abb. 12 ist eine gute Übereinstimmung der Kurven für die verschiedenen

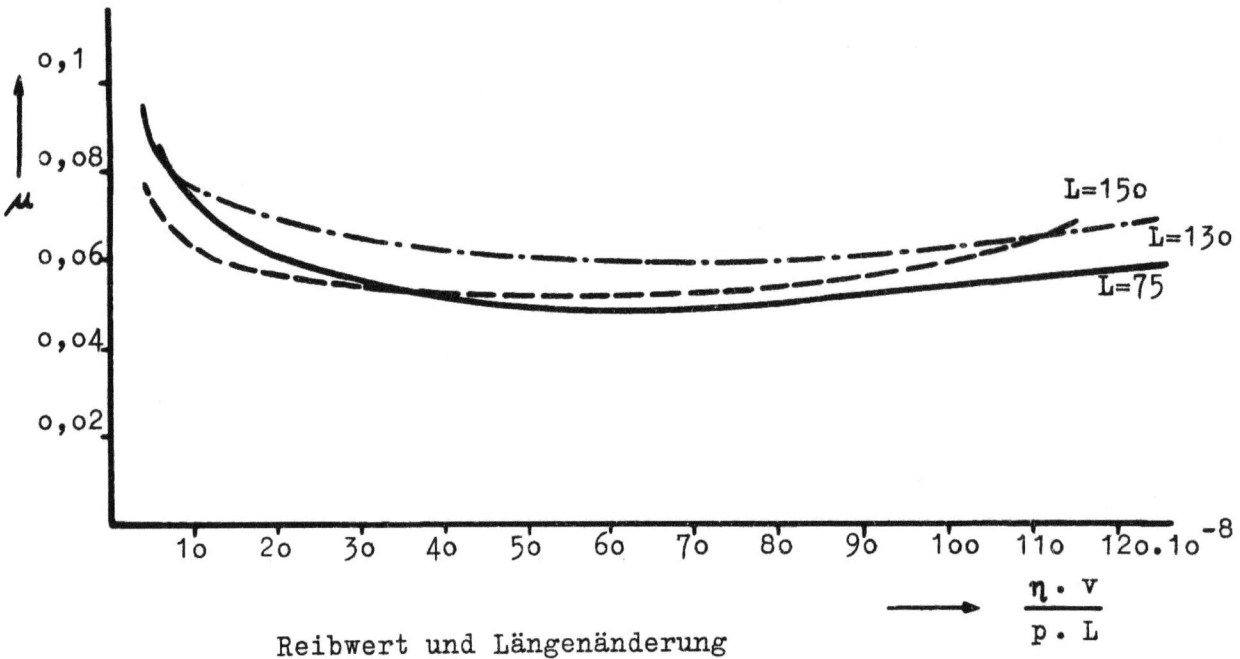

Abbildung 12
Reibwert und Länge der Führung L

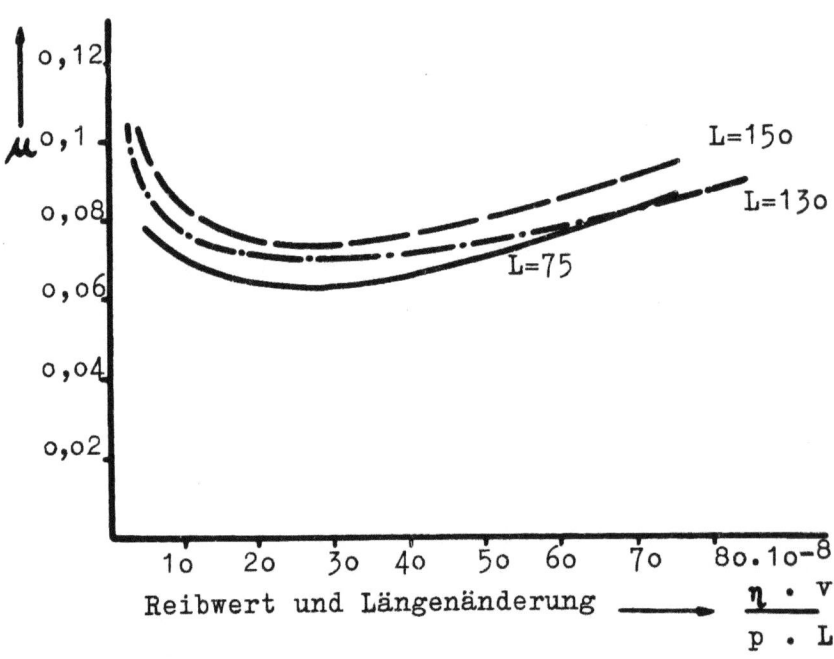

Abbildung 13
Reibwert und Länge der Führung L

Werkstofflängen festzustellen. Besonders jene für L_1 = 15o mm und L_3 = 75 mm fallen fast über dem gesamten Bereich zusammen. Die Streuung zwischen diesen beiden Kurven beträgt kaum mehr als 1o %.

Die Kurven für den 2. Werkstoff (Abb. 13) zeigen die gleiche Tendenz, wenn auch hier die Streuung größere Werte annimmt.

Bei dieser generellen Übereinstimmung liegt auch der Ausklinkpunkt für den betreffenden Werkstoff trotz Variation von L bei einem Wert der Gümbel'schen Zahl. Um eine weitere Bestätigung der Richtigkeit dieser Annahme zu erhalten, wurden die Meßergebnisse von STRIBECK, die in "Hütte" Band II, Seite 178 abgebildet sind, nach der oben angeführten Weise ausgewertet.

In Abb. 14 (oberer Teil) sind 3 Kurven für Reibwert über Gleitgeschwindigkeit mit dem Anpreßdruck als Parameter dargestellt und zwar für p = 1, 3 und 2o kg.

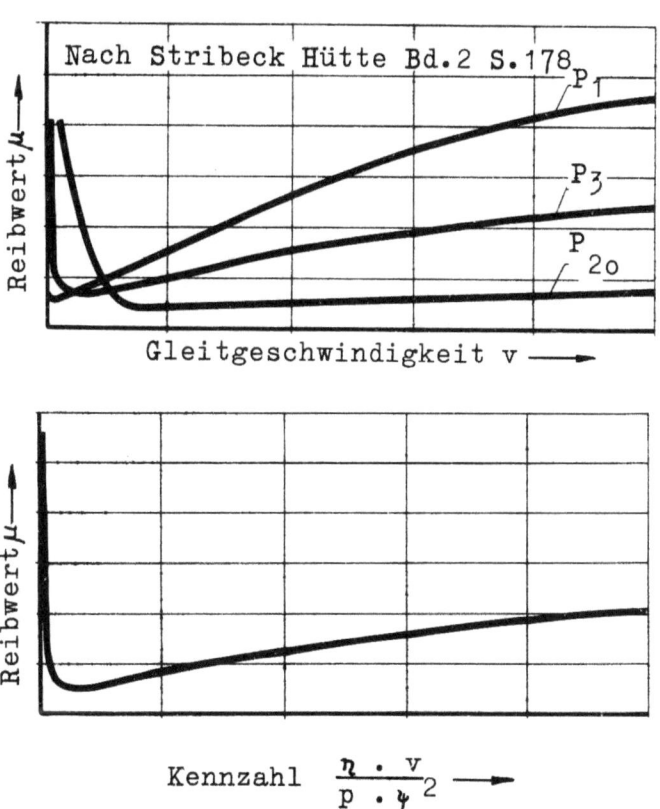

Abbildung 14
Reibwert und Kennzahl (STRIBECK)

Aus der darunterstehenden Auswertung Reibwert über der Gümbel'schen Kennzahl erkennt man, wie sich auch hier ein geschlossener Kurvenzug ergibt. In anderen nicht veröffentlichten Darstellungen findet die Annahme, daß der Reibwert eine eindeutige Funktion der Gümbel'schen Kennzahl ist, ebenfalls Bestätigung. Ergänzend sei noch auf den wesentlichen Einfluß der Oberflächengüte hingewiesen, dem auch in früheren Darstellungen eine besondere Aufmerksamkeit geschenkt wurde. Es darf als allgemein bekannt vorausgesetzt werden, daß der Reibwert mit steigender Oberflächengüte abnimmt.

Wie aus Abb. 15 hervorgeht, sind auch hier die Unterschiede im Reibwert recht erheblich. Die zu den Proben gehörenden Forsteraufnahmen (Strichabstand = 2μ) geben ein Bild der Oberfläche vor und nach dem Versuch und lassen gleichzeitig eine gewisse Oberflächenverbesserung erkennen.

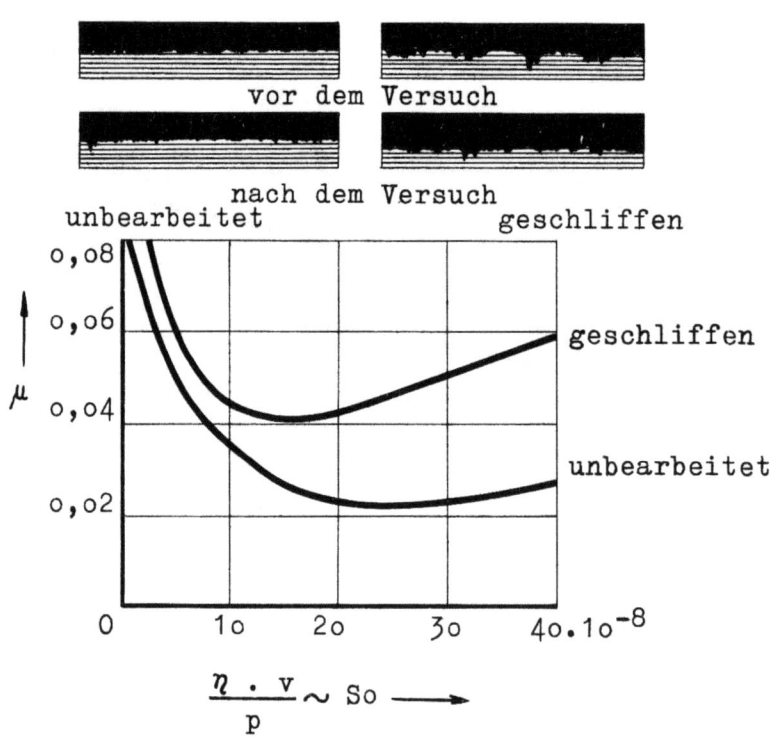

A b b i l d u n g 15
Reibwert und Einfluß der Werkstoffoberfläche

Einfluß der Schmiernutenanordnung auf den Reibwert

In weiteren Versuchen war zu klären, wie sich die Anordnung verschiedener Schmiernuten in der Gleitführung auf den Reibwert auswirkt.

Um die günstigste Zuführung und Verteilung des Schmierstoffes festzustellen, wurden in 6 verschiedenen Arten Nuten mit den erforderlichen Ölzuführungen in den Werkstoff eingefräst. Abbildung 16 gibt eine Übersicht der verwendeten Anordnungen wieder.

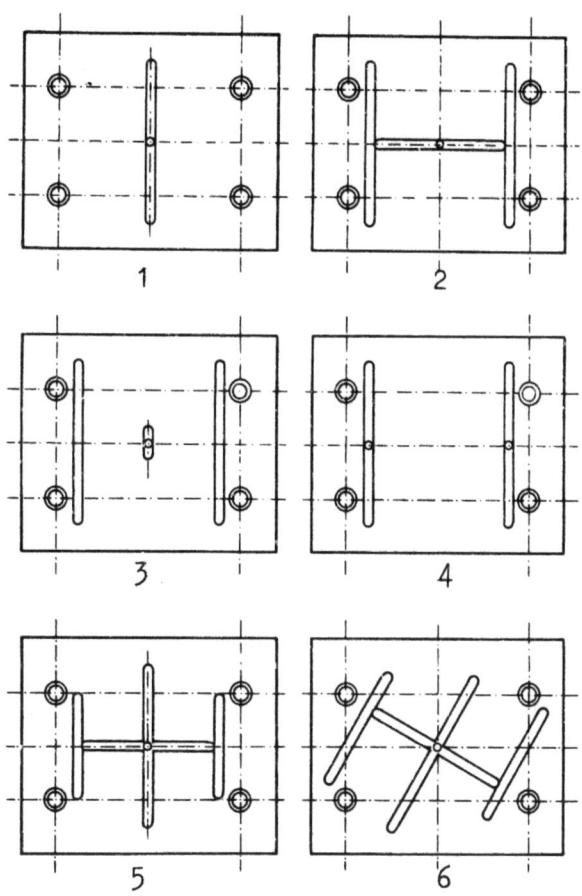

A b b i l d u n g   16
Anordnung der Schmiernuten

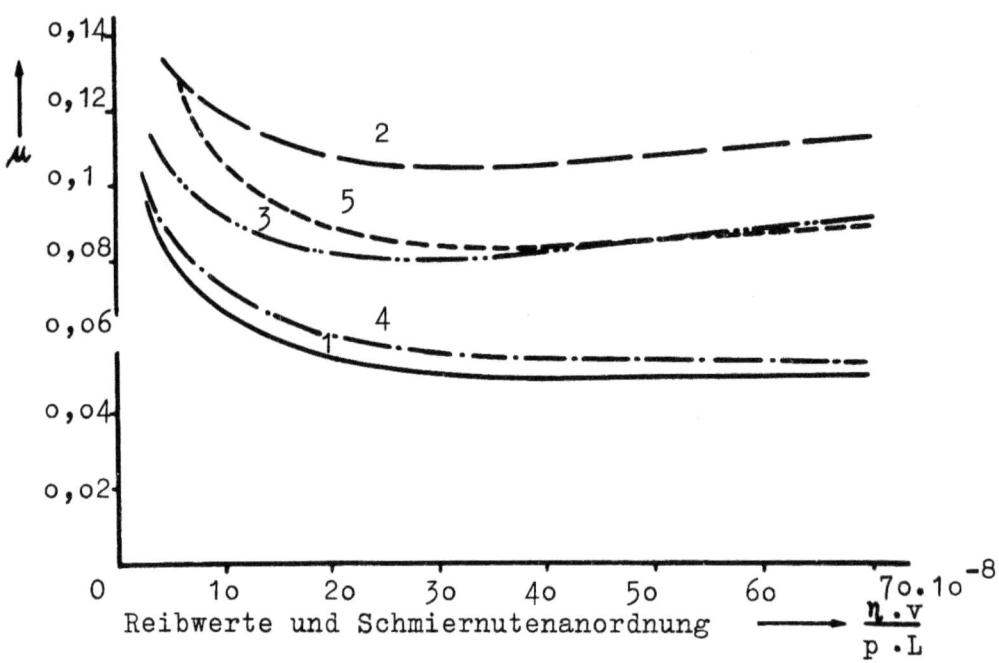

Abbildung 17
Reibwertverhalten bei verschiedener Ölzuführung

In Abb. 17 sind die Ergebnisse dieser Versuche zur Darstellung gebracht. Der Reibwert ist in Abhängigkeit von der Gümbel'schen Kenngröße aufgetragen.

Um die Reibwerteinflüsse hinsichtlich einer unterschiedlichen Oberflächengestaltung weitestgehend auszuschalten, wurde als Oberflächenbearbeitung in allen Fällen ein Längsschliff in Bewegungsrichtung gewählt und eine Oberflächenrauhigkeit von 2 - 3 μ zugrunde gelegt. Es ist beabsichtigt, die gleichen Untersuchungen an quergeschliffenen, sowie an geschabten Flächen zu wiederholen.

So erzielt man bei einer Quernute mit einem Ölzulauf in der Mitte die geringsten Reibwerte über dem gesamten Bereich der Gümbel'schen Kennzahl.

Wie unterschiedlich sich die Reibwerte bei den verschiedenen Anordnungen verhalten, geht aus dieser Darstellung hervor, wo eine Reibwertverschlechterung bei der Schmiernutenanordnung 1 zu Anordnung 2 von mehr als 100 % festzustellen ist. Das ist durchaus verständlich, wenn man bedenkt, wie durch die Verbindungsnute zwischen den beiden Quernuten ein großer Teil des tragenden hydrodynamischen Druckberges abgebaut wird. Die weiteren Variationen 3, 4 und 5 aus Abb. 17 ergeben somit zwangsläufig über dem gemessenen Bereich Reibwerte, die zwischen diesen beiden Extremen liegen.

K u n s t s t o f f g l e i t f ü h r u n g   u n d   V e r s c h l e i ß

Neben dem Reibwertverhalten spielt der Verschleiß an den Führungselementen eine bedeutende Rolle. Das gilt besonders da, wo ein zulässiges Lagerspiel, z.B. bei Achslagern nicht überschritten werden darf. Bei Flachbahnführungen, wie etwa bei Hobelmaschinen, tritt seine Bedeutung zurück, weil im wesentlichen eine gleichmäßige Abnutzung der an der Reibung beteiligten Elemente angenommen werden kann.

Dennoch ist es notwendig zu wissen, in welcher Größenordnung der Verschleiß zu erwarten ist, wie er zustande kommt und von welchen Einflußgrößen er abhängt.

Es ist hier zunächst versucht worden, den Abrieb an der Kunststoffplatte während eines Dauerversuches festzustellen. Die Bedingungen waren folgende:

Kunststoffverbundplatten in ZSV - Ausführung gegen Gußeisen mit Härte: $HB = 182$ kg/cm^2. Ölnute und Ölzulauf wie bei den oben geschilderten Versuchen.

Mittlerer Flächendruck $p = 3,9$ kg/cm^2

Gleitgeschwindigkeit $v = 7,95$ m/min

Gleitflächentemperatur $t = 30°C$.

Der Versuch wurde über 100 000 DH = 54 km Gleitweg durchgeführt. Zur Bestimmung des mittleren Abriebs wurde die in Abb. 7 dargestellte Meßanordnung benutzt.

Nach jeweils 15 000 DH wurden die beiden Kunststoffplatten ausgebaut und mehrere Messungen an 4 Stellen durchgeführt und daraus ein Mittelwert gebildet. Gleichzeitig wurde die Oberflächengüte an 4 Meßstellen ermittelt.

In Abbildung 18 ist über dem Gleitweg der Verlauf der Rauhtiefe und des Verschleißes an den Kunststoffplatten wiedergegeben. Während die Rauhtiefe auf beiden Platten um einen Mittelwert schwankt, ist bei dem Verschleiß zu Beginn ein starker Anstieg des Abriebes zu bemerken, der dann

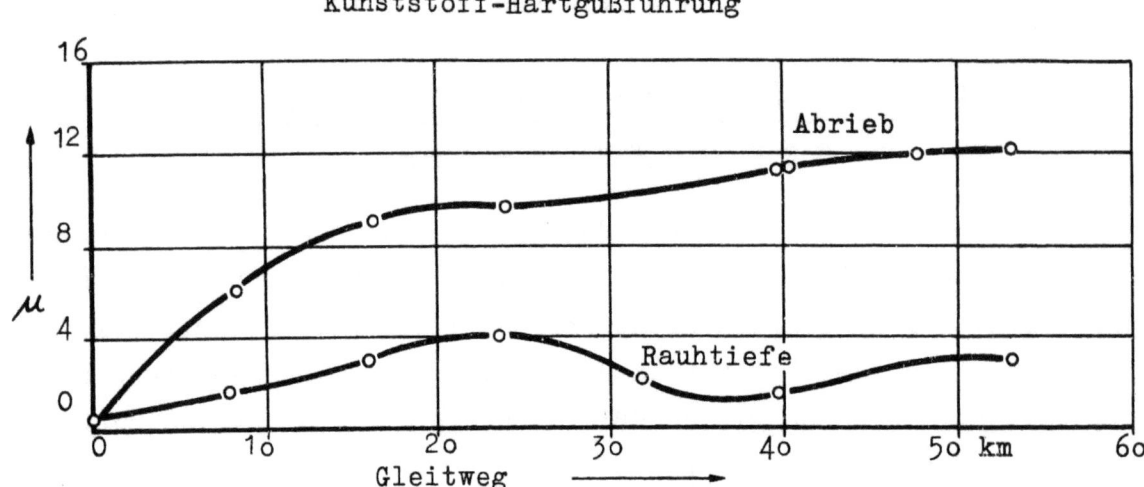

Abbildung 18
Rauhtiefe und Verschleiß in Abhängigkeit vom Gleitweg

nach etwa 15 km Gleitweg nur noch um einen geringen Betrag zunimmt. Es scheint also hier ein gewisser Beharrungszustand eingetreten zu sein, über dessen Ursachen vorerst keine Aussagen gemacht werden können.

Die vorliegenden Versuchsergebnisse bestätigen noch einmal die bereits bekannten Abhängigkeiten zwischen Reibwert und Anpreßdruck, Gleitgeschwindigkeit und Zähigkeit des Schmiermittels. Als weitere Einflußgröße tritt außerdem hier ein Faktor auf, der die Abmessung des Lagers kennzeichnet ähnlich wie bei Achslagern das Lagerspiel.

Bemerkenswert ist bei diesen Ergebnissen, daß bei Achslagern wie auch bei Flachführungen durch Kombination der an diesen Reibungsvorgängen beteiligten Einflußgrößen ein bestimmter Zusammenhang zwischen Reibwert und einer Kennzahl in Form eines geschlossenen Kurvenzuges auftritt. Dadurch ist die Möglichkeit gegeben, im Kurzprüfverfahren das Reibwertverhalten bei bestimmten Bedingungen anzugeben oder, wenn man so will, für ein bestimmtes Reibwertminimum bei vorgegebener Werkstoffpaarung die geeigneten Betriebsbedingungen zu ermitteln.

Hinsichtlich des auftretenden Verschleißes können noch keine allgemeinen Gesetzmäßigkeiten angegeben werden, weil die Versuche darüber erst vor kurzem angelaufen sind.

Forschungsberichte des Wirtschafts- und Verkehrsministeriums Nordrhein Westfalen

Als Ziel weiterer Untersuchungen ist zunächst die grundlegende Erforschung des Reibwert- und Verschleißverhaltens bei Gleitgeschwindigkeiten von 0,5 bis 60 m/min bei verschiedener Lagerbelastung vorgesehen.

Weiterhin soll die Untersuchung geeigneter Kunststoffe für Gleitlager, die Temperatur, sowie Druckverteilung im Führungselement Gegenstand weiterer Versuche sein.

                              Professor Dr.-Ing. H. O P I T Z
                              Institut für Werkzeugmaschinen und
                              Betriebslehre der
                              Technischen Hochschule, Aachen

Literaturverzeichnis

1) S. DUBBEL Bd. II, Seite 545 7. Auflage

2) T. VOGELPOHL: Die Reibung ausreichend geschmierter Maschinenteile. Stahl u. Eisen 1950, Seite 930 - 936

3) NIEMANN: Maschinenelemente Bd. 1, S. 241

4) H. WERNER: Werkstatt und Betrieb, Mai 1952

5) T. VOGELPOHL: Ähnlichkeitsbeziehungen der Gleitlagerreibung und untere Reibungsgrenze. VDI 1949, S. 379-84

6) BRIDGMAN-HOLL: Theorie der physikalischen Dimensionen, Teubner, Leipzig.

7) Hütte Bd. 2 S. 178, 27. Auflage

FORSCHUNGSBERICHTE
DES WIRTSCHAFTS- UND VERKEHRSMINISTERIUMS
NORDRHEIN-WESTFALEN

Herausgegeben von Ministerialdirektor Prof. Leo Brandt

Heft 1:
Prof. Dr.-Ing. Eugen Flegler, Aachen,
Untersuchungen oxydischer Ferromagnet-Werkstoffe

Heft 2:
Prof. Dr. phil. Walter Fuchs, Aachen,
Untersuchungen über absatzfreie Teeröle

Heft 3:
Techn.-Wissenschaftl. Büro für die Bastfaserindustrie, Bielefeld,
Untersuchungsarbeiten zur Verbesserung des Leinenwebstuhls

Heft 4:
Prof. Dr. E. A. Müller u. Dipl.-Ing. H. Spitzer, Dortmund,
Untersuchungen über die Hitzebelastung in Hüttenbetrieben

Heft 5:
Dipl.-Ing. Werner Fister, Aachen,
Prüfstand der Turbinenuntersuchungen

Heft 6:
Prof. Dr. phil. Walter Fuchs, Aachen,
Untersuchungen über die Zusammensetzung und Verwendbarkeit von Schwelteerfraktionen

Heft 7:
Prof. Dr. phil. Walter Fuchs, Aachen,
Untersuchungen über emsländisches Petrolatum

Heft 8:
Maria Elisabeth Meffert und Heinz Stratmann, Essen
Algen-Großkulturen im Sommer 1951

Heft 9:
Techn.-Wissenschaftl. Büro für die Bastfaserindustrie, Bielefeld,
Untersuchungen über die zweckmäßige Wicklungsart von Leinengarnkreuzspulen unter Berücksichtigung der Anwendung hoher Geschwindigkeiten des Garnes
Vorversuche für Zetteln und Schären von Leinengarnen auf Hochleistungsmaschinen

Heft 10:
Prof. Dr. Wilhelm Vogel, Köln,
„Das Streifenpaar" als neues System zur mechanischen Vergrößerung kleiner Verschiebungen und seine technischen Anwendungsmöglichkeiten

Heft 11:
Laboratorium für Werkzeugmaschinen und Betriebslehre, Technische Hochschule Aachen,
1. Untersuchungen über Metallbearbeitung im Fräsvorgang mit Hartmetallwerkzeugen und negativem Spanwinkel
2. Weiterentwicklung des Schleifverfahrens für die Herstellung von Präzisionswerkstücken unter Vermeidung hoher Temperaturen
3. Untersuchung von Oberflächenveredlungsverfahren zur Steigerung der Belastbarkeit hochbeanspruchter Bauteile

Heft 12:
Elektrowärme-Institut, Langenberg (Rhld.),
Induktive Erwärmung mit Netzfrequenz

Heft 13:
Techn.-Wissenschaftl. Büro für die Bastfaserindustrie, Bielefeld,
Das Naßspinnen von Bastfasergarnen mit chemischen Zusätzen zum Spinnbad

Heft 14:
Forschungsstelle für Acetylen, Dortmund,
Untersuchungen über Aceton als Lösungsmittel für Acetylen

Heft 15:
Wäschereiforschung Krefeld,
Trocknen von Wäschestoffen

Heft 16:
Max-Planck-Institut für Kohlenforschung, Mülheim a. d. Ruhr,
Arbeiten des MPI für Kohlenforschung

Heft 17:
Ingenieurbüro Herbert Stein, M. Gladbach,
Untersuchung der Verzugsvorgänge in den Streckwerken verschiedener Spinnereimaschinen. 1. Bericht: Vergleichende Prüfung mit verschiedenen Dickenmeßgeräten

Heft 18:
Wäschereiforschung Krefeld,
Grundlagen zur Erfassung der chemischen Schädigung beim Waschen

Heft 19:
Techn.-Wissenschaftl. Büro für die Bastfaserindustrie, Bielefeld,
Die Auswirkung des Schlichtens von Leinengarnketten auf den Verarbeitungswirkungsgrad, sowie die Festigkeits- und Dehnungsverhältnisse der Garne und Gewebe

Heft 20:
Techn.-Wissenschaftl. Büro für die Bastfaserindustrie, Bielefeld,
Trocknung von Leinengarnen I
Vorgang und Einwirkung auf die Garnqualität

Heft 21:
Techn.-Wissenschaftl. Büro für die Bastfaserindustrie, Bielefeld,
Trocknung von Leinengarnen II
Spulenanordnung und Luftführung beim Trocknen von Kreuzspulen

Heft 22:
Techn.-Wissenschaftl. Büro für die Bastfaserindustrie, Bielefeld,
Die Reparaturanfälligkeit von Webstühlen

Heft 23:
Institut für Starkstromtechnik, Aachen,
Rechnerische und experimentelle Untersuchungen zur Kenntnis der Metadyne als Umformer von konstanter Spannung auf konstanten Strom

Heft 24:
Institut für Starkstromtechnik, Aachen,
Vergleich verschiedener Generator-Metadyne-Schaltungen in bezug auf statisches Verhalten

Heft 25:
Gesellschaft für Kohlentechnik mbH., Dortmund-Eving,
Struktur der Steinkohlen und Steinkohlen-Kokse

Heft 26:
Techn.-Wissenschaftl. Büro für die Bastfaserindustrie, Bielefeld,
Vergleichende Untersuchungen zweier neuzeitlicher Ungleichmäßigkeitsprüfer für Bänder und Garne hinsichtlich ihrer Eignung für die Bastfaserspinnerei

Heft 27:
Prof. Dr. E. Schratz, Münster,
Untersuchungen zur Rentabilität des Arzneipflanzenanbaues
Römische Kamille, Anthemis nobilis L.

Heft: 28:
Prof. Dr. E. Schratz, Münster,
Calendula officinalis L.
Studien zur Ernährung, Blütenfüllung und Rentabilität der Drogengewinnung

Heft 29:
Techn.-Wissenschaftl. Büro für die Bastfaserindustrie, Bielefeld,
Die Ausnützung der Leinengarne in Geweben

Heft 30:
Gesellschaft für Kohlentechnik mbH., Dortmund-Eving,
Kombinierte Entaschung und Verschwelung von Steinkohle; Aufarbeitung von Steinkohlenschlämmen zu verkokbarer oder verschwelbarer Kohle

Heft 31:
Dipl.-Ing. Störmann, Essen,
Messung des Leistungsbedarfs von Doppelsteg-Kettenförderern

Heft 32:
Techn.-Wissenschaftl. Büro für die Bastfaserindustrie, Bielefeld,
Der Einfluß der Natriumchloridbleiche auf Qualität und Verwebbarkeit von Leinengarnen und die Eigenschaften der Leinengewebe unter besonderer Berücksichtigung des Einsatzes von Schützen- und Spulenwechselautomaten in der Leinenweberei

Heft 33:
Kohlenstoffbiologische Forschungsstation e. V.,
Eine Methode zur Bestimmung von Schwefeldioxyd und Schwefelwasserstoff in Rauchgasen und in der Atmosphäre

Heft 34:
Textilforschungsanstalt Krefeld,
Quellungs- und Entquellungsvorgänge bei Faserstoffen

Heft 35:
Professor Dr. Wilhelm Kast, Krefeld,
Feinstrukturuntersuchungen an künstlichen Zellulosefasern verschiedener Herstellungsverfahren

Heft 36:
Forschungsinstitut der feuerfesten Industrie, Bonn,
Untersuchungen über die Trocknung von Rohton. Untersuchungen über die chemische Reinigung von Silika- und Schamotte-Rohstoffen mit chlorhaltigen Gasen

Heft 37:
Forschungsinstitut der feuerfesten Industrie, Bonn,
Untersuchungen über den Einfluß der Probenvorbereitung auf die Kaltdruckfestigkeit feuerfester Steine

Heft 38:
Forschungsstelle für Acetylen, Dortmund,
Untersuchungen über die Trocknung von Acetylen zur Herstellung von Dissousgas

Heft 39:
Forschungsgesellschaft Blechverarbeitung e. V., Düsseldorf,
Untersuchungen an prägegemusterten und vorgelochten Blechen

Heft 40:
Landesgeologe Dr.-Ing. W. Wolff, Amt für Bodenforschung, Krefeld,
Untersuchungen über die Anwendbarkeit geophysikalischer Verfahren zur Untersuchung von Spateisengängen im Siegerland

Heft 41:
Techn.-Wissenschaftl. Büro für die Bastfaserindustrie, Bielefeld,
Untersuchungsarbeiten zur Verbesserung des Leinenwebstuhles II

Heft 42:
Professor Dr. Burckhardt Helferich, Bonn,
Untersuchungen über Wirkstoffe — Fermente — in der Kartoffel und die Möglichkeit ihrer Verwendung

Heft 43:
Forschungsgesellschaft Blechverarbeitung e. V., Düsseldorf,
Forschungsergebnisse über das Beizen von Blechen

Heft 44:
Arbeitsgemeinschaft für praktische Dehnungsmessung, Düsseldorf,
Eigenschaften und Anwendungen von Dehnungsmeßstreifen

Heft 45:
Losenhausenwerk Düsseldorfer Maschinenbau AG., Düsseldorf,
Untersuchungen von störenden Einflüssen auf die Lastgrenzenanzeige von Dauerschwingprüfmaschinen

Heft 46:
Professor Dr. phil. W. Fuchs, Aachen,
Untersuchungen über die Aufbereitung von Wasser für die Dampferzeugung in Benson-Kesseln

Heft 47:
Prof. Dr.-Ing. habil. Karl Krekeler, Aachen,
Versuche über die Anwendung der induktiven Erwärmung zum Sintern von hochschmelzenden Metallen sowie zur Anlegierung und Vergütung von aufgespritzten Metallschichten mit dem Grundwerkstoff.

Heft 48:
Max-Planck-Institut für Eisenforschung, Düsseldorf,
Spektrochemische Analyse der Gefügebestandteile in Stählen nach ihrer Isolierung

Heft 49:
Max-Planck-Institut für Eisenforschung, Düsseldorf,
Untersuchungen über Ablauf der Desoxydation und die Bildung von Einschlüssen in Stählen

Heft 50:
Max-Planck-Institut für Eisenforschung, Düsseldorf,
Flammenspektralanalytische Untersuchung der Ferritzusammensetzung in Stählen

Heft 51:
Verein zur Förderung von Forschungs- und Entwicklungsarbeiten in der Werkzeugindustrie e. V., Remscheid,
Untersuchungen an Kreissägeblättern für Holz, Fehler- und Spannungsprüfverfahren

Heft 52:
Forschungsstelle für Azetylen, Dortmund,
Untersuchungen über den Umsatz bei der explosiblen Zersetzung von Azetylen
   a) Zersetzung von gasförmigem Azetylen,
   b) Zersetzung von an Silikagel adsorbiertem Azetylen

Heft 53:
Professor Dr.-Ing. H. Opitz, Aachen,
Reibwert- und Verschleißmessungen an Kunststoffgleitführungen für Werkzeugmaschinen

Heft 54:
Professor Dr.-Ing. habil. F. A. F. Schmidt, Aachen,
Schaffung von Grundlagen für die Erhöhung der spez. Leistung und Herabsetzung des spez. Brennstoffverbrauches bei Ottomotoren mit Teilbericht über Arbeiten an einem neuen Einspritzverfahren

Heft 55:
Forschungsgesellschaft Blechverarbeitung, Düsseldorf,
Chemisches Glänzen von Messing und Neusilber

Heft 56:
Forschungsgesellschaft Blechverarbeitung, Düsseldorf,
Untersuchungen über einige Probleme der Behandlung von Blechoberflächen

Heft 57:
Prof. Dr.-Ing. habil. F. A. F. Schmidt, Aachen,
Untersuchungen zur Erforschung des Einflusses des chemischen Aufbaues des Kraftstoffes auf sein Verhalten im Motor und in Brennkammern von Gasturbinen.

Heft 58:
Gesellschaft für Kohlentechnik m. b. H., Dortmund,
Herstellung und Untersuchung von Steinkohlenschwelteer.

VERÖFFENTLICHUNGEN DER ARBEITSGEMEINSCHAFT FÜR FORSCHUNG DES LANDES NORDRHEIN-WESTFALEN

Im Auftrage des Ministerpräsidenten Karl Arnold

Herausgegeben von Ministerialdirektor Prof. Leo Brandt

Heft 1:

Prof. Dr.-Ing. Friedrich Seewald, Technische Hochschule Aachen,
Neue Entwicklungen auf dem Gebiete der Antriebsmaschinen
Prof. Dr.-Ing. Friedrich A. F. Schmidt, Technische Hochschule Aachen,
Technischer Stand und Zukunftsaussichten der Verbrennungsmaschinen, insbesondere der Gasturbinen
Dr.-Ing. R. Friedrich, Siemens-Schuckert-Werke A.-G., Mülheimer Werk,
Möglichkeiten und Voraussetzungen der industriellen Verwertung der Gasturbine

Heft 2:

Prof. Dr.-Ing. Wolfgang Riezler, Universität Bonn,
Probleme der Kernphysik
Prof. Dr. phil. Fritz Micheel, Universität Münster,
Isotope als Forschungsmittel in der Chemie und Biochemie

Heft 3:

Prof. Dr. med. Emil Lehnartz, Universität Münster,
Der Chemismus der Muskelmaschine
Prof. Dr. med. Gunther Lehmann, Direktor des Max-Planck-Instituts für Arbeitsphysiologie, Dortmund,
Physiologische Forschung als Voraussetzung der Bestgestaltung der menschlichen Arbeit
Prof. Dr. Heinrich Kraut, Max-Planck-Institut für Arbeitsphysiologie, Dortmund,
Ernährung und Leistungsfähigkeit

Heft 4:

Prof. Dr. Franz Wever, Max-Planck-Institut für Eisenforschung, Düsseldorf,
Aufgaben der Eisenforschung
Prof. Dr.-Ing. Hermann Schenck, Technische Hochschule Aachen,
Entwicklungslinien des deutschen Eisenhüttenwesens
Prof. Dr.-Ing. Max Haas, Techn. Hochschule Aachen,
Wirtschaftliche und technische Bedeutung der Leichtmetalle und ihre Entwicklungsmöglichkeiten

Heft 5:

Prof. Dr. med. Walter Kikuth, Medizinische Akademie Düsseldorf,
Virusforschung
Prof. Dr. Rolf Danneel, Universität Bonn,
Fortschritte der Krebsforschung
Prof. Dr. med. Dr. phil. W. Schulemann, Univ. Bonn,
Wirtschaftliche und organisatorische Gesichtspunkte für die Verbesserung unserer Hochschulforschung

Heft 6:

Prof. Dr. Walter Weizel, Institut für theoretische Physik, Bonn,
Die gegenwärtige Situation der Grundlagenforschung in der Physik
Prof. Dr. Siegfried Strugger, Universität Münster,
Das Duplikantenproblem in der Biologie
Prof. Dr. Rolf Danneel, Universität Bonn,
Über das Verhalten der Mitochondrien bei der Mitose der Mesenchymzellen des Hühner-Embryos
Direktor Dr. Fritz Gummert, Ruhrgas A.-G., Essen,
Überlegungen zu den Faktoren Raum und Zeit im biologischen Geschehen und Möglichkeiten einer Nutzanwendung

Heft 7:
Prof. Dr.-Ing. August Götte, Technische Hochschule Aachen,
Steinkohle als Rohstoff und Energiequelle
Prof. Dr. e. h. Karl Ziegler, Max-Planck-Institut für Kohlenforschung Mülheim a. d. Ruhr,
Über Arbeiten des Max-Planck-Instituts für Kohlenforschung

Heft 8:
Prof. Dr.-Ing. Wilhelm Fucks, Technische Hochschule Aachen,
Die Naturwissenschaft, die Technik und der Mensch
Prof. Dr. sc. pol. Walther Hoffmann, Universität Münster,
Wirtschaftliche und soziologische Probleme des technischen Fortschritts

Heft 9:
Prof. Dr.-Ing. Franz Bollenrath, Technische Hochschule Aachen,
Zur Entwicklung warmfester Werkstoffe
Dr. Heinrich Kaiser, Staatl. Materialprüfungsamt Dortmund,
Stand spektralanalytischer Prüfverfahren und Folgerung für deutsche Verhältnisse

Heft 10:
Prof. Dr. Hans Braun, Universität Bonn,
Möglichkeiten und Grenzen der Resistenzzüchtung
Prof. Dr.-Ing. Carl Heinrich Dencker, Universität Bonn,
Der Weg der Landwirtschaft von der Energieautarkie zur Fremdenergie

Heft 11:
Prof. Dr.-Ing. Herwart Opitz, Technische Hochschule Aachen,
Entwicklungslinien der Fertigungstechnik in der Metallbearbeitung
Prof. Dr.-Ing. Karl Krekeler, Technische Hochschule Aachen,
Stand und Aussichten der schweißtechnischen Fertigungsverfahren

Heft: 12
Dr. Hermann Rathert, Mitglied des Vorstandes der Vereinigten Glanzstoff-Fabriken A.-G., Wuppertal-Elberfeld,
Entwicklung auf dem Gebiet der Chemiefaser-Herstellung
Prof. Dr. Wilhelm Weltzien, Direktor der Textilforschungsanstalt Krefeld,
Rohstoff und Veredlung in der Textilwirtschaft

Heft: 13
Dr.-Ing. e. h. Karl Herz, Chefingenieur im Bundesministerium für das Post- und Fernmeldewesen Frankfurt a. Main,
Die technischen Entwicklungstendenzen im elektrischen Nachrichtenwesen
Ministerialdirektor Dipl.-Ing. Leo Brandt, Düsseldorf,
Navigation und Luftsicherung

Heft 14:
Prof. Dr. Burckhardt Helferich, Universität Bonn,
Stand der Enzymchemie und ihre Bedeutung
Prof. Dr. med. Hugo W. Knipping, Direktor der Med. Universitätsklinik Köln,
Ausschnitt aus der klinischen Carcinomforschung am Beispiel des Lungenkrebses

Heft 15:
Prof. Dr. Abraham Esau, Technische Hochschule Aachen,
Die Bedeutung von Wellenimpulsverfahren in Technik und Natur
Prof. Dr.-Ing. Eugen Flegler, Technische Hochschule Aachen,
Die ferromagnetischen Werkstoffe in der Elektrotechnik und ihre neueste Entwicklung

Heft 16:
Prof. Dr. rer. pol. Rudolf Seyffert, Universität Köln,
Die Problematik der Distribution
Prof. Dr. rer. pol. Theodor Beste, Universität Köln,
Der Leistungslohn

Heft 17:
Prof. Dr.-Ing. Friedrich Seewald, Technische Hochschule Aachen,
Die Flugtechnik und ihre Bedeutung für den allgemeinen technischen Fortschritt
Prof. Dr.-Ing. Edouard Houdremont, Essen,
Art und Organisation der Forschung in einem Industriekonzern

Heft 18:
Prof. Dr. med. Dr. phil. W. Schulemann, Universität Bonn,
Theorie und Praxis pharmakologischer Forschung
Prof. Dr. Wilhelm Groth, Direktor des Physikalisch-Chemischen Instituts, Universität Bonn,
Technische Verfahren zur Isotopentrennung

Heft 19:
Dipl.-Ing. Kurt Traenckner, Stellvertr. Vorstandsmitglied der Ruhrgas-A.G., Essen,
Entwicklungstendenzen der Gaserzeugung

Heft 21:
Prof. Dr. phil. Robert Schwarz, Aachen,
Wesen und Bedeutung der Silicium-Chemie
Prof. Dr. Kurt Alder, Universität Köln,
Fortschritte in der Synthese von Kohlenstoffverbindungen

Heft 21 a
Jahresfeier der Arbeitsgemeinschaft für Forschung des Landes Nordrhein-Westfalen am 21. 5. 1952 in Düsseldorf mit Ansprachen des Herrn Bundespräsidenten Professor Dr. Theodor Heuss, des Herrn Ministerpräsidenten Arnold, Frau Kultusminister Teusch, der Herren Professor Dr. Hahn, Professor Dr. Strugger, Vizepräsident Dobbert, Professor Dr. Richter, Professor Dr. Fucks.

Heft 22:
Prof. Dr. Johannes von Allesch, Universität Göttingen,
Die Bedeutung der Psychologie im öffentlichen Leben
Prof. Dr. med. Otto Graf, Max-Planck-Institut für Arbeitsphysiologie, Dortmund,
Triebfedern menschlicher Leistung

Heft 23:
Prof. Dr. phil. Dr. jur. h. c. Bruno Kuske, Universität Köln,
Probleme der Raumforschung
Prof. Dr. Dr.-Ing. e. h. Prager,
Städtebau und Landesplanung

Heft 23 a:
M. Zvegintzov, Wissenschaftliche Forschung und die Auswertung ihrer Ergebnisse. Ziel und Tätigkeit der National Research Development Corporation

Dr. Alexander King, Department of Scientific & Industrial Research, London,
Wissenschaft und internationale Beziehungen

Heft 24:
Prof. Dr. Rolf Danneel, Universität Bonn,
Über die Wirkungsweise der Erbfaktoren
Prof. Dr. K. Herzog, Medizinische Akademie Düsseldorf,
Bewegungsbedarf der menschlichen Gliedmaßengelenke bei der Berufsarbeit

Heft 25:
Prof. Dr. O. Haxel, Heidelberg,
Energiegewinnung aus Kernprozessen
Dr. Dr. Max Wolf, Düsseldorf,
Gegenwartsprobleme der energiewirtschaftlichen Forschung

Heft 26:
Prof. Dr. Friedrich Becker, Universität Bonn,
Ultrakurzwellen aus dem Weltraum, ein neues Forschungsgebiet der Astronomie
Dozent Dr. H. Straßl, Bonn,
Bemerkenswerte Doppelsterne und das Problem der Sternentwicklung

Heft 27:
Prof. Dr. Heinrich Behnke, Universität Münster,
Der Strukturwandel der Mathematik in der ersten Hälfte des 20. Jahrhunderts
Prof. Dr. E. Sperner, Bonn,
Eine mathematische Analyse der Luftdruckverteilungen in großen Gebieten

Heft 28:
Prof. Dr. O. Niemczyk, Aachen,
Die Problematik gebirgsmechanischer Vorgänge im Steinkohlenbergbau
Prof. Dr. W. Ahrens, Krefeld,
Die Bedeutung geologischer Forschung für die Wirtschaft, besonders in Nordrhein-Westfalen

Heft 29:
Prof. Dr. B. Rensch, Münster,
Das Problem der Residuen bei Lernleistungen
Prof. Dr. H. Fink, Köln,
Über Leberschäden bei der Bestimmung des biologischen Wertes verschiedener Eiweiße von Mikroorganismen

Heft 30:
Prof. Dr.-Ing. F. Seewald, Aachen,
Forschungen auf dem Gebiete der Aerodynamik
Prof. Dr.-Ing. K. Leist, Aachen,
Forschungen in der Gasturbinentechnik

Heft 31:
Direktor Dr. F. Mietzsch, Wuppertal,
Chemie und wirtschaftliche Bedeutung der Sulfonamide
Prof. Dr. G. Domagk, Wuppertal,
Die experimentellen Grundlagen der Chemotherapie der bakteriellen Infektionen

Heft 32:
Prof. Dr. Hans Braun, Universität Bonn,
Die Verschleppung von Pflanzenkrankheiten und -schädlingen über die Welt
Prof. Dr. Wilhelm Rudorf, Max-Planck-Institut für Züchtungsforschung, Voldagsen,
Der Beitrag von Genetik und Züchtung zur Bekämpfung von Viruskrankheiten der Nutzpflanzen

Heft 33:
Prof. Dr.-Ing. V. Aschoff, Aachen,
Probleme der elektroakustischen Einkanalübertragung
Prof. Dr.-Ing. H. Döring, Aachen,
Erzeugung und Verstärkung von Mikrowellen

Heft 34:
Geheimrat Prof. Dr. Rudolf Schenck, Aachen,
Bedingungen und Gang der Kohlenhydratsynthese im Licht
Prof. Dr. Emil Lehnartz, Universität Münster,
Die Endstufen des Stoffabbaus im Organismus

Heft 35:
Prof. Dr.-Ing. H. Schenk, Aachen,
Gegenwartsprobleme der Eisenindustrie in Deutschland
Prof. Dr.-Ing. E. Piwowarsky, Aachen,
Gelöste und ungelöste Probleme des Gießereiwesens

Geisteswissenschaften

Heft 1:
Prof. Dr. W. Richter, Bonn,
Die Bedeutung der Geisteswissenschaften für die Bildung unserer Zeit
Prof. Dr. J. Ritter, Münster,
Die aristotelische Lehre vom Ursprung und Sinn der Theorie

Heft 2:
Prof. Dr. J. Kroll, Köln,
Elysium
Prof. Dr. G. Jachmann, Köln,
Die vierte Ekloge Vergils

Heft 3:
Prof. Dr. H. E. Stier, Münster,
Die klassische Demokratie

Heft 4:
Prof. Dr. W. Caskel, Köln,
Lihjan und Lihjanisch. Sprache und Kultur eines früharabischen Königreiches

Heft 5:
Prof. Dr. Th. Ohm, Münster,
Stammesreligionen im südlichen Tanganyika-Territorium. — Religionswissenschaftliche Ergebnisse meiner Ostafrikareise 1951

Heft 6:
Prälat Prof. Dr. G. Schreiber, Münster,
Deutsche Wissenschaftspolitik von Bismarck bis zum Atomphysiker Otto Hahn

Heft 7:
Prof. Dr. W. Holtzmann, Bonn,
Das mittelalterliche Imperium und die werdenden Nationen

Heft 8:
Prof. Dr. W. Caskel, Köln,
Die Bedeutung der Beduinen in der Geschichte der Araber

Heft 9:
Prälat Prof. Dr. G. Schreiber, Münster,
Iroschottische und angelsächsische Kultureinflüsse im Mittelalter

Heft 10:
Prof. Dr. P. Rassow, Köln,
Forschungen zur Reichsidee im 16. und 17. Jahrhundert

Heft 11:
Prof. Dr. H. E. Stier, Münster,
Roms Aufstieg zur Weltherrschaft

Heft 12:
Prof. Dr. D. K. H. Rengstorf, Münster,
Zum Problem der Gleichberechtigung zwischen Mann und Frau auf dem Boden des Urchristentums
Prof. Dr. H. Conrad, Bonn,
Grundprobleme einer Reform des Familienrechts

Heft 13:
Professor Dr. Max Braubach, Bonn,
Der Weg zum 20. Juli 1944 — Ein Forschungsbericht

Heft 14:
Prof. Dr. Paul Hübinger, Münster
Das deutsch-französische Verhältnis und seine mittelalterlichen Grundlagen

Heft 15:
Prof. Dr. Franz Steinbach, Bonn,
Der geschichtliche Weg des wirtschaftenden Menschen in die soziale Freiheit und politische Verantwortung

Heft 16:
Prof. Dr. Josef Koch, Köln,
Die Ars coniecturalis des Nikolaus von Cues

Heft 17:
Dr. James B. Conant,
U.S.-Hochkommissar für Deutschland,
Staatsbürger und Wissenschaftler
Prof. Dr. D. Karl Heinrich Rengstorf, Münster,
Antike und Christentum

Heft 18:
Prof. Dr. Richard Alewyn, Köln,
Klopstocks Publikum

Heft 19:
Prof. Dr. Fritz Schalk, Köln,
Das Lächerliche in der französischen Literatur des Ancien Régime

Heft 20:
Prof. Dr. Ludwig Raiser, Bad Godesberg,
Präsident der Deutschen Forschungsgemeinschaft
Rechtsfragen der Mitbestimmung

Heft 21:
Prof. D. Martin Noth, Bonn,
Das Geschichtsverständnis der alttestamentlichen Apokalyptik
Prof. Dr.-Ing. Wilhelm Fucks, Aachen
Einige Probleme aus der Theorie des Sprechens, der Sprachen und des Sprechstils in mathematischer Behandlung

If you have any concerns about our products,
you can contact us on
ProductSafety@springernature.com

In case Publisher is established outside the EU,
the EU authorized representative is:
Springer Nature Customer Service Center GmbH
Europaplatz 3, 69115 Heidelberg, Germany

Printed by Libri Plureos GmbH
in Hamburg, Germany